Problemas Resueltos sobre Cinética Química. Matlab

17 de febrero de 2025

Índice

1. Cinética de una reacción de primer orden

Enunciado

Problema: Se tiene una reacción de primer orden:

$$A \longrightarrow \text{Productos}$$

Con una concentración inicial $[A]_0$ y constante de velocidad k. Se solicita:

- Derivar la ley integrada de la cinética.
- Graficar la concentración de A en función del tiempo.

Resolución Manual

La ley diferencial para una reacción de primer orden es:

$$-\frac{d[A]}{dt} = k[A]$$

Separando variables e integrando:

$$\int_{[A]_0}^{[A]} \frac{d[A]}{[A]} = -\int_0^t k\,dt$$

Se obtiene:

$$\ln\left(\frac{[A]}{[A]_0}\right) = -kt \quad \Rightarrow \quad [A] = [A]_0 e^{-kt}$$

Esta es la ley integrada para una reacción de primer orden.

Script en MATLAB

El siguiente script genera la gráfica de $[A]$ versus t usando la ley obtenida:

```
% Parámetros de la reacción
A0 = 1;          % Concentración inicial (mol/L)
k  = 0.1;        % Constante de velocidad (1/min)
t  = linspace(0, 50, 100);  % Vector de tiempo de 0 a 50 minutos

% Cálculo de la concentración de A en función del tiempo
A = A0 * exp(-k * t);

% Graficar la concentración de A versus tiempo
figure;
plot(t, A, 'LineWidth', 2);
xlabel('Tiempo (min)');
ylabel('Concentración de A (mol/L)');
title('Cinética de una reacción de primer orden');
grid on;
```

Listing 1: Script MATLAB para graficar una reacción de primer orden

Gráfica

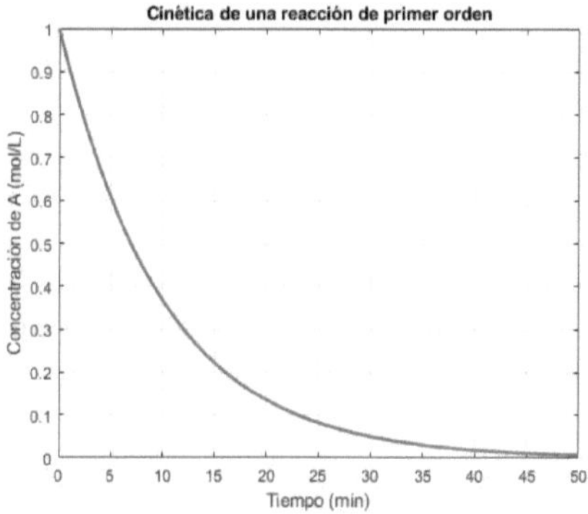

Figura 1: Gráfica de la concentración de A vs. tiempo para una reacción de primer orden.

2. Reacciones de segundo orden

Concepto: En las reacciones de segundo orden, la ley integrada relaciona el inverso de la concentración de reactivo con el tiempo.

Problema: Considera la reacción:

$$A -> Productos$$

La ley diferencial de velocidad es:

$$-\frac{d[A]}{dt} = k[A]^2$$

Se requiere:

1. Derivar la ley integrada que relaciona $\frac{1}{[A]}$ con el tiempo.

2. Implementar un script en MATLAB que grafique $\frac{1}{[A]}$ en función del tiempo, asumiendo una concentración inicial $[A]_0 = 1\,\mathrm{mol/L}$ y una constante de velocidad $k = 0{,}05\,\mathrm{L/(mol \cdot min)}$.

Resolución Manual

Para una reacción de segundo orden la ley diferencial es:

$$-\frac{d[A]}{dt} = k[A]^2.$$

Reordenamos la ecuación y separamos variables:

$$\frac{d[A]}{[A]^2} = -k\,dt.$$

Integrando ambos lados, desde $[A]_0$ en $t = 0$ hasta $[A]$ en t:

$$\int_{[A]_0}^{[A]} \frac{d[A]}{[A]^2} = -\int_0^t k\,dt.$$

La integral en el lado izquierdo es:

$$\int \frac{d[A]}{[A]^2} = -\frac{1}{[A]},$$

por lo que, evaluando:

$$-\frac{1}{[A]} + \frac{1}{[A]_0} = -kt.$$

Multiplicamos ambos lados por -1:

$$\frac{1}{[A]} - \frac{1}{[A]_0} = kt,$$

y despejamos:

$$\frac{1}{[A]} = \frac{1}{[A]_0} + kt.$$

Esta es la ley integrada para una reacción de segundo orden.

Script en MATLAB

El siguiente script en MATLAB calcula la evolución de $[A]$ en función del tiempo a partir de la ley integrada y grafica $\frac{1}{[A]}$ vs. t:

```
% Parámetros de la reacción
A0 = 1;                 % Concentración inicial en mol/L
k  = 0.05;              % Constante de velocidad en L/(mol*min)
t  = linspace(0, 100, 200); % Tiempo en minutos (por ejemplo, de 0 a 100 min)

% Ley integrada: 1/[A] = 1/[A]_0 + k*t
invA = 1/A0 + k * t;

```

```
% Calcular [A] a partir de la ley integrada
A = 1 ./ invA;

% Graficar 1/[A] vs. tiempo (se espera una recta)
figure;
plot(t, invA, 'r-', 'LineWidth', 2);
xlabel('Tiempo (min)');
ylabel('1/[A] (L/mol)');
title('Gráfica de 1/[A] vs. t para una reacción de segundo orden');
grid on;

% Opcional: Graficar también [A] vs. tiempo en otra figura
figure;
plot(t, A, 'b-', 'LineWidth', 2);
xlabel('Tiempo (min)');
ylabel('[A] (mol/L)');
title('Gráfica de [A] vs. t para una reacción de segundo orden');
grid on;

% Guardar la gráfica (descomenta la línea si se desea guardar)
% saveas(gcf, 'segundo_orden.pdf');
```

Listing 2: Script MATLAB para una reacción de segundo orden

Gráfica

Figura 2: Gráfica de $\frac{1}{[A]}$ vs. tiempo para una reacción de segundo orden. La pendiente de la línea es igual a k.

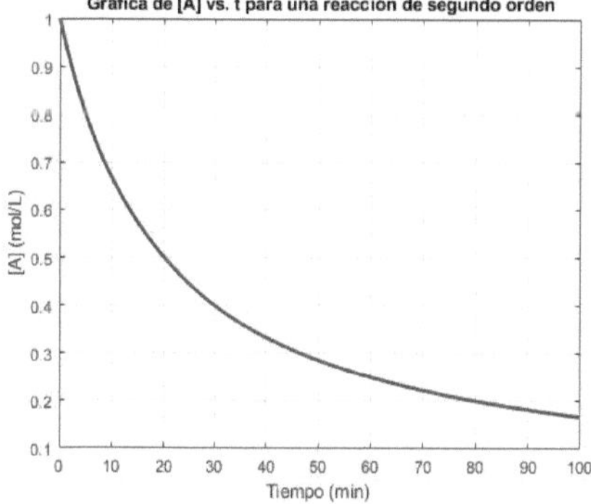

Figura 3: Gráfica de [A] vs. tiempo para una reacción de segundo orden. La pendiente de la línea es igual a k.

3. La vida media ($t_{1/2}$) en una reacción de primer orden

Concepto: La vida media ($t_{1/2}$) en una reacción de primer orden es constante e independiente de la concentración inicial.

Problema: Dada la reacción de primer orden:

$$A- > [k]Productos$$

donde la ley diferencial de velocidad es:

$$-\frac{d[A]}{dt} = k[A],$$

1. Derivar la expresión de la vida media $t_{1/2}$ y demostrar que:
$$t_{1/2} = \frac{\ln 2}{k},$$
la cual es independiente de la concentración inicial $[A]_0$.

2. Implementar un script en MATLAB que simule la cinética de la reacción para $[A]_0 = 1\,\text{mol/L}$ y $k = 0{,}1\,\text{min}^{-1}$, mostrando gráficamente la evolución de $[A]$ y marcando el punto correspondiente a $t_{1/2}$.

Resolución Manual

Para una reacción de primer orden la ley diferencial es:

$$-\frac{d[A]}{dt} = k[A].$$

Separando variables:

$$\frac{d[A]}{[A]} = -k\,dt.$$

Integrando ambos lados, desde $[A]_0$ en $t = 0$ hasta $[A]$ en t:

$$\int_{[A]_0}^{[A]} \frac{d[A]}{[A]} = -\int_0^t k\,dt,$$

obtenemos:

$$\ln\left(\frac{[A]}{[A]_0}\right) = -kt \quad \Rightarrow \quad [A] = [A]_0\, e^{-kt}.$$

La vida media $t_{1/2}$ se define como el tiempo en que $[A]$ se reduce a la mitad de $[A]_0$:

$$[A](t_{1/2}) = \frac{[A]_0}{2}.$$

Sustituyendo en la ley integrada:

$$\frac{[A]_0}{2} = [A]_0\, e^{-kt_{1/2}}.$$

Dividiendo ambos lados entre $[A]_0$:

$$\frac{1}{2} = e^{-kt_{1/2}}.$$

Aplicando la función logaritmo natural:

$$\ln\left(\frac{1}{2}\right) = -kt_{1/2} \quad \Rightarrow \quad t_{1/2} = \frac{\ln 2}{k}.$$

Esta expresión es independiente de $[A]_0$, lo que demuestra la propiedad solicitada.

Script en MATLAB

El siguiente script en MATLAB simula la cinética de la reacción de primer orden, grafica $[A]$ vs. t y marca el punto correspondiente a $t_{1/2}$:

```
% Parámetros de la reacción
A0 = 1;              % Concentración inicial [A]_0 en mol/L
k  = 0.1;            % Constante de velocidad en 1/min
t_half = log(2)/k; % Vida media t1/2

% Vector de tiempo (por ejemplo, de 0 a 5 veces la vida media)
t = linspace(0, 5*t_half, 200);

% Cálculo de la concentración de A en función del tiempo
A = A0 * exp(-k * t);

% Graficar la concentración [A] vs. t
figure;
plot(t, A, 'b-', 'LineWidth', 2); hold on;
xlabel('Tiempo (min)');
ylabel('[A] (mol/L)');
title('Cinética de una reacción de primer orden');
grid on;

% Marcar la vida media en la gráfica
A_half = A0/2;
plot(t_half, A_half, 'ro', 'MarkerSize', 8, 'MarkerFaceColor', 'r');
legend('[A](t)', 't_{1/2}', 'Location', 'northeast');

% Opcional: Guardar la gráfica como PDF
% saveas(gcf, 'vida_media_primer_orden.pdf');
```

Listing 3: Script MATLAB para simular y graficar la vida media en una reacción de primer orden

Gráfica

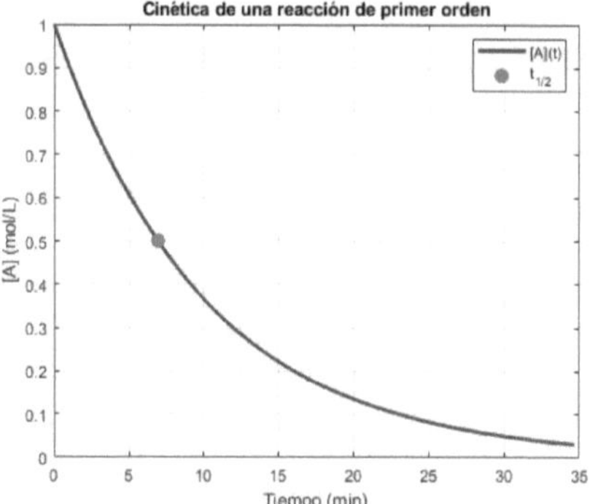

Figura 4: Gráfica de la concentración $[A]$ vs. tiempo para una reacción de primer orden. Se marca el punto $(t_{1/2}, [A]_0/2)$ que demuestra que la vida media es $t_{1/2} = \frac{\ln 2}{k}$, constante e independiente de $[A]_0$.

4. Temperatura, la concentración y la presión

Concepto: Factores como la temperatura, la concentración y la presión influyen directamente en la velocidad de una reacción química.

Problema: Se desea demostrar y simular que:

- La constante de velocidad k varía exponencialmente con la temperatura según la ecuación de Arrhenius:

  $$k = A\,e^{-E_a/(RT)},$$

  donde A es el factor preexponencial, E_a la energía de activación, R la constante universal de los gases y T la temperatura en Kelvin.

- La velocidad de reacción depende de la concentración de reactivos según la ley de velocidad (por ejemplo, para una reacción de orden n: rate $=$ $k[A]^n$).

- En reacciones en fase gaseosa, la presión influye en la velocidad al afectar la concentración de las especies (según la ley de los gases, a temperatura constante, [reactivo] $\propto P$).

Se solicita:

1. Derivar y comentar brevemente cada una de estas relaciones.

2. Implementar un script en MATLAB que simule el efecto de la temperatura en k mediante la ecuación de Arrhenius y, adicionalmente, simule el efecto de la concentración en la velocidad de una reacción de primer orden.

3. Generar gráficas que ilustren:
   - La variación de k con la temperatura (por ejemplo, una gráfica de $\ln k$ vs. $1/T$).
   - La evolución temporal de la concentración para una reacción de primer orden, demostrando que la velocidad inicial es proporcional a $[A]_0$.

Resolución Manual

1. Influencia de la Temperatura (Ecuación de Arrhenius)

La ecuación de Arrhenius se escribe:

$$k = A\, e^{-E_a/(RT)}.$$

Tomando el logaritmo natural de ambos lados se obtiene:

$$\ln k = \ln A - \frac{E_a}{R} \cdot \frac{1}{T}.$$

Esta relación lineal entre $\ln k$ y $1/T$ permite determinar experimentalmente E_a (a partir de la pendiente) y A (del intercepto).

2. Influencia de la Concentración

Para una reacción general de orden n (por ejemplo, $A -> Productos$), la ley de velocidad es:

$$\text{rate} = -\frac{d[A]}{dt} = k[A]^n.$$

En el caso de una reacción de primer orden ($n = 1$), la solución integrada es:

$$[A] = [A]_0\, e^{-kt},$$

lo que muestra que la velocidad de reacción depende linealmente de la concentración instantánea.

3. Influencia de la Presión

En reacciones en fase gaseosa, la concentración de un reactivo se relaciona con la presión por la ley de los gases ideales:

$$[A] = \frac{P_A}{RT}.$$

Por lo tanto, a temperatura constante, un aumento en la presión implica un aumento en la concentración y, en consecuencia, en la velocidad de reacción si la ley de velocidad depende de $[A]$.

Script en MATLAB

El siguiente script en MATLAB simula dos aspectos:

1. La variación de k en función de la temperatura (usando la ecuación de Arrhenius).
2. La evolución temporal de la concentración en una reacción de primer orden para diferentes concentraciones iniciales.

```
%% Parámetros para la ecuación de Arrhenius
A  = 1e12;           % Factor preexponencial (1/min)
Ea = 80e3;           % Energía de activación en J/mol (80 kJ/mol)
R  = 8.314;          % Constante de los gases en J/(mol K)
T  = linspace(300,500,100); % Temperaturas de 300 K a 500 K

% Cálculo de k para cada temperatura
k = A * exp(-Ea./(R*T));

% Graficar ln(k) vs. 1/T
```

```
figure;
plot(1./T, log(k), 'LineWidth', 2);
xlabel('1/T (1/K)');
ylabel('ln(k) (ln(1/min))');
title('Gráfica de ln(k) vs. 1/T (Ecuación de Arrhenius)');
grid on;

%% Simulación de una reacción de primer orden
A0 = 1;             % Concentración inicial en mol/L
k_sim = 0.1;        % Constante de velocidad en 1/min
t = linspace(0, 50, 200); % Tiempo en minutos

% Evolución de la concentración [A] para una reacción de primer orden
A_t = A0 * exp(-k_sim*t);

% Graficar [A] vs. t
figure;
plot(t, A_t, 'b-', 'LineWidth', 2);
xlabel('Tiempo (min)');
ylabel('[A] (mol/L)');
title('Evolución de la concentración [A] en una reacción de primer orden');
grid on;

% Nota: Para ver el efecto de la concentración, se puede repetir la simulación
% para distintos valores de A0 y comparar la velocidad inicial.
```

Listing 4: Script MATLAB: Efecto de la Temperatura y la Concentración

Gráficas

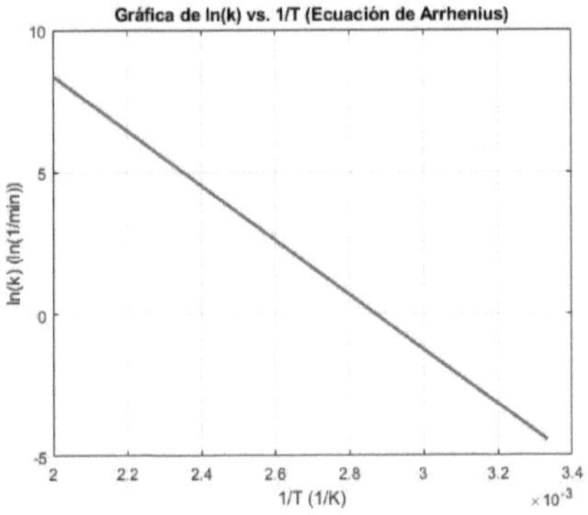

Figura 5: Gráfica de $\ln k$ vs. $1/T$ demostrando la relación de Arrhenius.

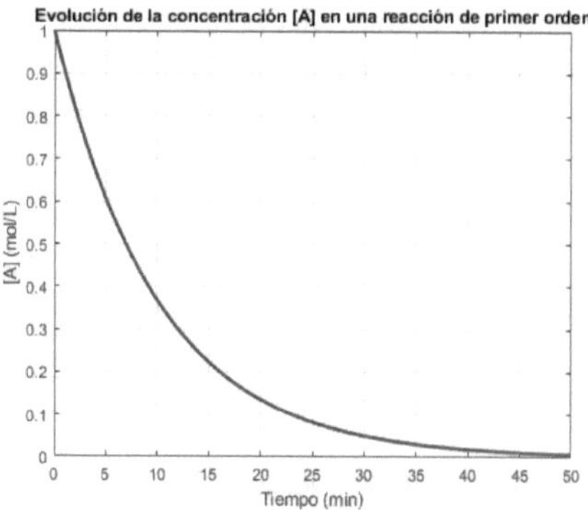

Figura 6: Evolución de la concentración $[A]$ vs. tiempo para una reacción de primer orden.

5. Teoría del complejo activado

Concepto: La teoría del estado de transición (o teoría del complejo activado) establece que, durante una reacción química, los reactivos se transforman en productos a través de la formación de un complejo activado intermedio, el cual posee una energía máxima.

Problema:

1. Explicar brevemente la teoría del estado de transición y derivar la expresión de la constante de velocidad en función de la energía libre de activación, conocida como ecuación de Eyring:

$$k = \frac{k_B T}{h} e^{-\Delta G^\ddagger/(RT)}$$

donde k_B es la constante de Boltzmann, h es la constante de Planck, T es la temperatura (en K), R es la constante de los gases y $\Delta G^\ddagger$ es la energía libre de activación.

2. Implementar un script en MATLAB que genere un diagrama de energía representativo de un proceso reactivo, mostrando los niveles de energía de los reactivos, el complejo activado y los productos.

Resolución Manual

La teoría del estado de transición plantea que, en una reacción química, existe un punto de máxima energía (complejo activado, ‡) que se forma de manera transitoria a medida que los reactivos se convierten en productos.

La constante de velocidad se relaciona con la probabilidad de que el sistema alcance este estado de transición. Según la teoría de Eyring, se tiene:

$$k = \frac{k_B T}{h} e^{-\Delta G^\ddagger/(RT)}$$

donde:

- k_B es la constante de Boltzmann,
- h es la constante de Planck,
- T es la temperatura en Kelvin,
- R es la constante universal de los gases,
- $\Delta G^\ddagger$ es la energía libre de activación, la cual se puede expresar como:

  $$\Delta G^\ddagger = \Delta H^\ddagger - T\Delta S^\ddagger,$$

  con $\Delta H^\ddagger$ la entalpía de activación y $\Delta S^\ddagger$ la entropía de activación.

Esta ecuación indica que la constante de velocidad aumenta al incrementar la temperatura y disminuye si la barrera de activación ($\Delta G^\ddagger$) es elevada.

Script en MATLAB

El siguiente script en MATLAB genera un diagrama de energía simple (perfil de reacción) en función de la coordenada de reacción, mostrando los niveles de energía de reactivos, complejo activado y productos.

```
% Parámetros para el diagrama de energía
x = linspace(0, 1, 200);  % Coordenada de
    reacción (arbitraria)
% Definir una función que simule un
    perfil de energía (por ejemplo, una
    función de forma gaussiana invertida)
```

```
% Los reactivos se sitúan en x=0, el complejo activado en x=0.5 y los productos en x=1.
E = 50 - 40*exp(-((x-0.5)/0.1).^2); % Energía en kJ/mol

% Niveles de energía para reactivos y productos
E_reactivos = 10; % kJ/mol
E_productos = 20; % kJ/mol

% Crear el diagrama de energía
figure;
plot(x, E, 'LineWidth', 2); hold on;
% Dibujar líneas horizontales para reactivos y productos
plot([0, 0.1], [E_reactivos, E_reactivos], 'r--', 'LineWidth', 1.5);
plot([0.9, 1], [E_productos, E_productos], 'g--', 'LineWidth', 1.5);
xlabel('Coordenada de reacción');
ylabel('Energía (kJ/mol)');
title('Diagrama de Energía: Estado de Transición y Complejo Activado');
grid on;
legend('Perfil Energético', 'Reactivos', 'Productos', 'Location', 'Best');

% Opcional: Guardar la figura como PDF
% saveas(gcf, 'estado_transicion.pdf');
```

Listing 5: Script MATLAB para generar un diagrama de energía

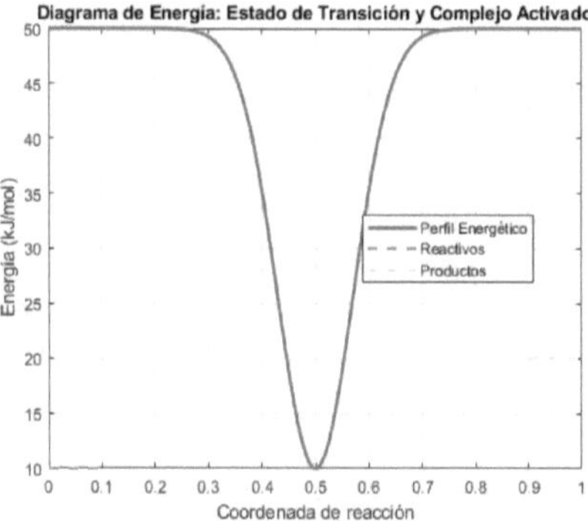

Figura 7: Diagrama de energía representativo: reactivos, complejo activado y productos. El complejo activado corresponde al estado de transición.

Gráfica

6. Los catalizadores reducen la energía de activación

Concepto: La presencia de catalizadores reduce la energía de activación y, por ello, aumenta la constante de velocidad de una reacción sin consumirse durante el proceso.

Problema: Considera la ecuación de Arrhenius para la constante de velocidad:

$$k = A\,e^{-E_a/(R\,T)},$$

donde:

- A es el factor preexponencial,
- E_a es la energía de activación,

- R es la constante universal de los gases,
- T es la temperatura en Kelvin.

Se solicita:

1. Demostrar que al reducir la energía de activación (por la acción de un catalizador) de E_a a E'_a con $E'_a < E_a$, la constante de velocidad aumenta (i.e. $k' > k$).
2. Mencionar que el catalizador no se consume en la reacción.
3. Implementar un script en MATLAB que simule la variación de k en función de T para ambos casos (sin catalizador y con catalizador) y genere una gráfica de $\ln k$ versus $1/T$.

Resolución Manual

La ecuación de Arrhenius es:

$$k = A\, e^{-E_a/(RT)}.$$

Si se introduce un catalizador, la barrera energética se reduce de E_a a E'_a (con $E'_a < E_a$); así, la constante de velocidad para el proceso catalizado es:

$$k' = A\, e^{-E'_a/(RT)}.$$

Dado que $E'_a < E_a$, se tiene que:

$$e^{-E'_a/(RT)} > e^{-E_a/(RT)},$$

lo que implica que:

$$k' > k.$$

Por lo tanto, la presencia del catalizador aumenta la velocidad de la reacción. Además, el catalizador participa en el mecanismo de reacción pero se regenera al final, por lo que no se consume.

Script en MATLAB

El siguiente script simula la variación de k para una reacción sin y con catalizador en función de la temperatura. Se asume un mismo factor A y se usan dos valores de energía de activación (por ejemplo, $E_a = 80$ kJ/mol y $E'_a = 40$ kJ/mol). Los resultados se grafican en función de $1/T$ para obtener una relación lineal en un diagrama de Arrhenius.

```
% Parámetros
A = 1e12;               % Factor preexponencial (1/min)
Ea = 80e3;              % Energía de activación sin catalizador en J/mol (80 kJ/mol)
Ea_cat = 40e3;          % Energía de activación con catalizador en J/mol (40 kJ/mol)
R = 8.314;              % Constante de los gases en J/(mol*K)

% Vector de temperaturas (K)
T = linspace(300,500,100);
invT = 1./T;            % 1/T

% Cálculo de k sin catalizador y con catalizador
k = A * exp(-Ea./(R*T));
k_cat = A * exp(-Ea_cat./(R*T));

% Graficar ln(k) vs. 1/T
figure;
plot(invT, log(k), 'b-', 'LineWidth', 2); hold on;
plot(invT, log(k_cat), 'r--', 'LineWidth', 2);
xlabel('1/T (1/K)');
ylabel('ln(k) (ln(1/min))');
```

```
title('Diagrama de Arrhenius: Efecto del Catalizador');
legend('Sin catalizador', 'Con catalizador', 'Location', 'Best');
grid on;

% Opcional: Guardar la figura
% saveas(gcf, 'arrhenius_catalizador.pdf');
```

Listing 6: Script MATLAB para comparar k sin y con catalizador

Gráfica

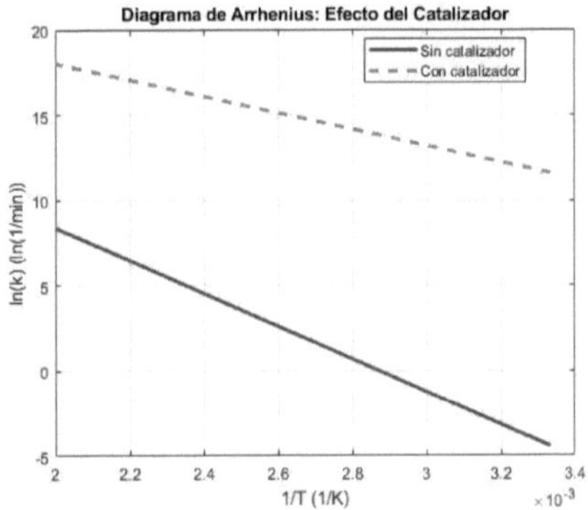

Figura 8: Gráfica de $\ln k$ versus $1/T$ para una reacción sin catalizador (línea azul) y con catalizador (línea roja discontinua). Se observa que al reducir E_a la constante de velocidad aumenta.

7. Cinética experimental

La cinética experimental se utiliza para deducir mecanismos elementales de reacción a partir de las leyes de velocidad.

Problema:

1. Supongamos que para la reacción:

   $$A + B -> C$$

   se obtiene experimentalmente la ley de velocidad:

   $$\text{rate} = k[A][B].$$

   Esta ley indica que la reacción es de primer orden respecto de A y de B, lo que es consistente con un proceso elemental bimolecular.

2. Explique brevemente cómo la coincidencia entre el orden de reacción medido y la molecularidad (según la ecuación de la ley de velocidad) permite deducir un mecanismo elemental.

3. Se solicita, además, simular la evolución de la concentración en una reacción elemental de segundo orden (suponiendo $[A]_0 = [B]_0$) y graficar la relación lineal que se obtiene al representar $1/[A]$ versus t.

Resolución Manual

Si la reacción $A + B -> C$ ocurre en un solo paso elemental, la ley de velocidad se deduce directamente de la molecularidad:

$$\text{rate} = k[A][B].$$

La coincidencia de los órdenes experimentales (1 en $[A]$ y 1 en $[B]$) con la suma de los coeficientes estequiométricos (1 + 1 = 2) sugiere que el mecanismo es elemental (bimolecular). En cambio, si la ley de velocidad mostrase órdenes que no coincidieran con la estequiometría de la reacción global, se propondría que la reacción ocurre en varios pasos, y se emplearían aproximaciones (como estado estacionario o equilibrio rápido) para deducir el mecanismo.

Para ilustrar la cinética experimental en una reacción elemental de segundo orden, consideramos una reacción del tipo:

$$A + A -> Productos,$$

donde, asumiendo $[A]_0 = [B]_0$, la ley integrada es:

$$\frac{1}{[A]} = \frac{1}{[A]_0} + k\,t.$$

La linealidad de la gráfica de $1/[A]$ versus t confirma que la reacción es elemental de segundo orden.

Script en MATLAB

El siguiente script en MATLAB simula la cinética de una reacción elemental de segundo orden con condiciones iniciales iguales, y grafica $1/[A]$ frente a t para verificar la linealidad.

```
% Parámetros
A0 = 1;                % Concentración inicial [A]_0 en mol/L
k = 0.2;               % Constante de velocidad en L/(mol*min)
t = linspace(0, 20, 200);  % Vector de tiempo de 0 a 20 min

```

```
% Para una reacción de segundo orden con A = B:
% Ley integrada: 1/[A] = 1/[A]_0 + k*t
invA = 1/A0 + k * t;
A = 1 ./ invA;  % Recuperamos [A] a partir de la relación

% Graficar 1/[A] vs. t (se espera una recta)
figure;
plot(t, invA, 'LineWidth', 2);
xlabel('Tiempo (min)');
ylabel('1/[A] (L/mol)');
title('Gráfica de 1/[A] vs. t para una reacción elemental de segundo orden');
grid on;

% Opcional: Guardar la gráfica como PDF
% saveas(gcf, 'cinetica_elemental_segundo_orden.pdf');
```

Listing 7: Script MATLAB para simular una reacción elemental de segundo orden

Gráfica

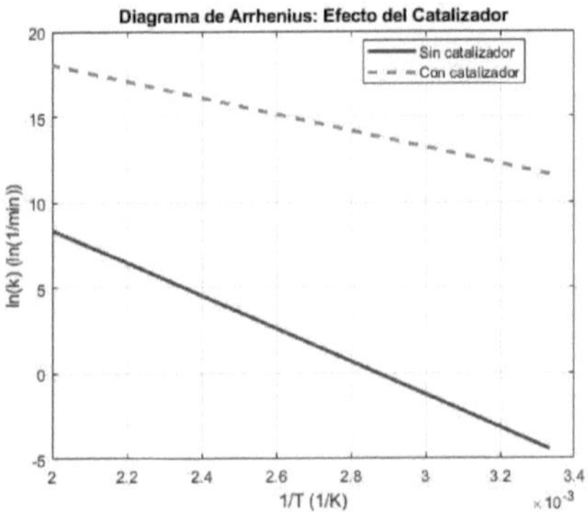

Figura 9: Gráfica de $1/[A]$ vs. t para una reacción elemental de segundo orden. La linealidad confirma la validez de la ley integrada, lo que respalda un mecanismo elemental.

8. Mecanismo de reacción

Considera el siguiente mecanismo de reacción:

$$A- > [k_1]I- > [k_2]P$$

donde:

- I es un intermediario reactivo.
- k_1 y k_2 son las constantes de velocidad de los pasos 1 y 2, respectivamente.

La **aproximación en estado estacionario** supone que, tras un corto período transitorio, la tasa de cambio de la concentración del intermediario es casi cero, es decir:

$$\frac{d[I]}{dt} \approx 0.$$

Problema:

1. Derivar la expresión para la concentración del intermediario I bajo la aproximación en estado estacionario.
2. Mostrar que, bajo esta aproximación, la velocidad global de formación de P se puede expresar en función de $[A]$.
3. Utilizar un script en MATLAB para resolver el sistema de ecuaciones diferenciales asociado al mecanismo y graficar la evolución temporal de $[I]$, evidenciando que, después de un transitorio, $[I]$ se mantiene casi constante.

Resolución Manual

Para el mecanismo:

$$A- > [k_1]I- > [k_2]P,$$

las ecuaciones diferenciales son:

$$\begin{aligned}\frac{d[A]}{dt} &= -k_1[A],\\ \frac{d[I]}{dt} &= k_1[A] - k_2[I],\\ \frac{d[P]}{dt} &= k_2[I].\end{aligned}$$

Aplicando la aproximación en estado estacionario para I ($\frac{d[I]}{dt} \approx 0$):

$$k_1[A] - k_2[I] \approx 0 \quad \Longrightarrow \quad [I] \approx \frac{k_1}{k_2}[A].$$

La velocidad de formación de P es:

$$\frac{d[P]}{dt} = k_2[I] \approx k_2 \cdot \frac{k_1}{k_2}[A] = k_1[A].$$

De este modo, se simplifica el análisis cinético, y la concentración de I permanece casi constante una vez alcanzado el estado estacionario.

Script en MATLAB

El siguiente script resuelve numéricamente el sistema de ecuaciones diferenciales para el mecanismo utilizando $k_1 = 0{,}1\,\mathrm{min}^{-1}$ y $k_2 = 1{,}0\,\mathrm{min}^{-1}$. Se asume que la concentración inicial es $[A]_0 = 1\,\mathrm{mol/L}$, $[I]_0 = 0$ y $[P]_0 = 0$.

```
% Parámetros
k1 = 0.1;          % Constante de velocidad del paso A -> I (1/min)
k2 = 1.0;          % Constante de velocidad del paso I -> P (1/min)

% Condiciones iniciales: [A]_0 = 1 mol/L, [I]_0 = 0, [P]_0 = 0
y0 = [1; 0; 0];

% Intervalo de tiempo (en minutos)
tspan = [0 50];

% Resolver el sistema de ecuaciones diferenciales
[t, y] = ode45(@(t,y) odefun(t, y, k1, k2), tspan, y0);

% Extraer las concentraciones
A = y(:,1);
I = y(:,2);
P = y(:,3);

% Graficar la evolución de la concentración del intermediario I
figure;
plot(t, I, 'r-', 'LineWidth', 2);
xlabel('Tiempo (min)');
ylabel('[I] (mol/L)');
title('Evolución de la concentración de I (estado estacionario)');
grid on;

% Función ODE definida al final del script
function dydt = odefun(t, y, k1, k2)
    A = y(1);
    I = y(2);
    P = y(3);
```

```
    dAdt = -k1 * A;
    dIdt = k1 * A - k2 * I;
    dPdt = k2 * I;
    dydt = [dAdt; dIdt; dPdt];
end
```

Listing 8: Script MATLAB para simular el mecanismo con estado estacionario

Gráfica

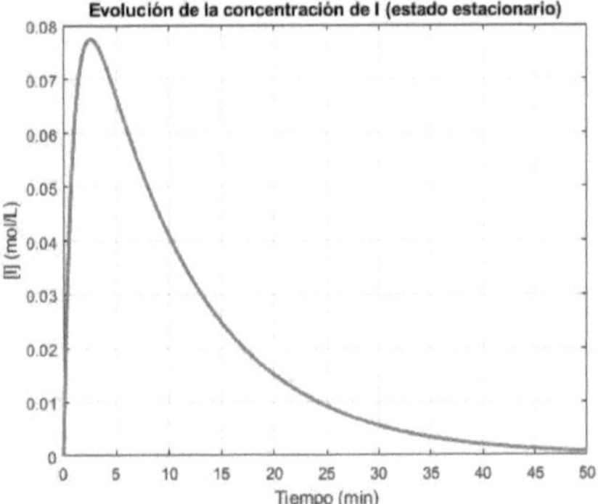

Figura 10: Evolución de la concentración del intermediario I en el tiempo. Tras un breve transitorio, se observa que I se mantiene casi constante, en concordancia con la aproximación en estado estacionario.

9. Aproximación de equilibrio rápido

Concepto: La aproximación de equilibrio rápido asume que ciertos pasos rápidos en un mecanismo reactivo alcanzan rápidamente el equilibrio, de modo que la concentración de los intermediarios se puede describir mediante la constante de equilibrio de esos pasos.

Problema: Considera el siguiente mecanismo para la formación de P:

$$\begin{array}{cccl} A & <=> [k_1][k_{-1}] & I & \text{(paso rápido, reversible)} \\ I + B & -> [k_2] & P & \text{(paso lento, determinante de la veloci} \end{array}$$

1. Utilizando la aproximación de equilibrio rápido, deduce la expresión para la concentración del intermediario I en función de $[A]$ y la constante de equilibrio K definida por:

$$K = \frac{k_1}{k_{-1}} = \frac{[I]}{[A]}.$$

2. Obtén la ley de velocidad global en función de $[A]$ y $[B]$.

3. Implementa un script en MATLAB que simule la evolución de las concentraciones para este mecanismo y grafique, por ejemplo, la concentración de I en función del tiempo, evidenciando que tras un breve transitorio se alcanza el equilibrio rápido.

Resolución Manual

Para el mecanismo dado:

$$A <=> [k_1][k_{-1}]I \quad ; \quad I + B -> [k_2]P,$$

las ecuaciones diferenciales son:

$$\frac{d[A]}{dt} = -k_1[A] + k_{-1}[I],$$
$$\frac{d[I]}{dt} = k_1[A] - k_{-1}[I] - k_2[I][B],$$
$$\frac{d[P]}{dt} = k_2[I][B].$$

La **aproximación de equilibrio rápido** supone que el paso reversible es muy rápido, de modo que:

$$\frac{d[I]}{dt} \approx 0.$$

Por lo tanto,

$$k_1[A] \approx k_{-1}[I] \quad \Longrightarrow \quad [I] \approx \frac{k_1}{k_{-1}}[A] = K[A].$$

Sustituyendo en la ecuación para P, la velocidad global de formación de P es:

$$\frac{d[P]}{dt} = k_2[I][B] \approx k_2K[A][B].$$

Esta ley de velocidad es consistente con un mecanismo en el que el paso rápido establece el equilibrio entre A e I y el paso lento (con constante k_2) determina la velocidad global.

Script en MATLAB

El siguiente script simula numéricamente el mecanismo usando condiciones iniciales:

$$[A]_0 = 1\,\text{mol/L}, \quad [I]_0 = 0, \quad [B]_0 = 1\,\text{mol/L}, \quad [P]_0 = 0,$$

y utiliza la función `ode45` para resolver el sistema de ecuaciones. Se elige $k_1 = 0{,}5\,\text{min}^{-1}$, $k_{-1} = 5{,}0\,\text{min}^{-1}$ (lo que implica un equilibrio rápido) y $k_2 = 0{,}1\,\text{L}/(\text{mol}\cdot\text{min})$.

```
% Parámetros del mecanismo
k1 = 0.5;           % min^-1
k_minus1 = 5.0;     % min^-1
k2 = 0.1;           % L/(mol*min)

% Condiciones iniciales: [A]_0, [I]_0, [B]_0, [P]_0
y0 = [1; 0; 1; 0];

% Intervalo de tiempo en minutos
tspan = [0 20];

% Resolver el sistema de ecuaciones diferenciales
[t, y] = ode45(@(t,y) odefun(t, y, k1, k_minus1, k2), tspan, y0);

% Extraer concentraciones
A = y(:,1);
I = y(:,2);
B = y(:,3);
P = y(:,4);

% Graficar la concentración de I vs. tiempo
figure;
plot(t, I, 'r-', 'LineWidth', 2);
xlabel('Tiempo (min)');
ylabel('[I] (mol/L)');
title('Evolución de la concentración de I');
grid on;

% Función ODE
function dydt = odefun(t, y, k1, k_minus1, k2)
    A = y(1);
    I = y(2);
```

```
    B = y(3);
    P = y(4);

    dAdt = -k1*A + k_minus1*I;
    dIdt = k1*A - k_minus1*I - k2*I*B;
    dBdt = -k2*I*B;
    dPdt = k2*I*B;

    dydt = [dAdt; dIdt; dBdt; dPdt];
end
```

Listing 9: Script MATLAB para simular el mecanismo con equilibrio rápido

Gráfica

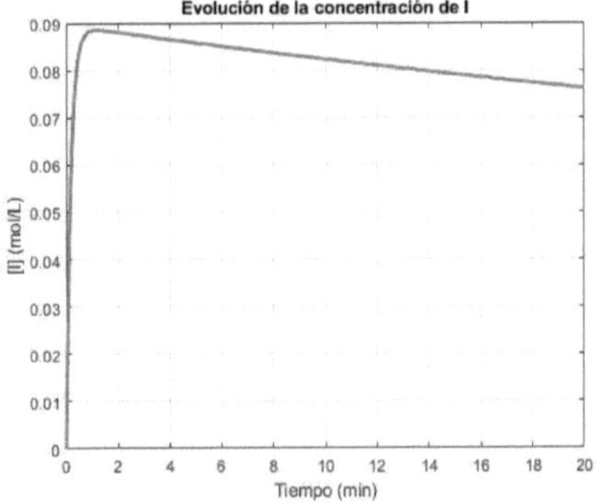

Figura 11: Evolución de la concentración del intermediario I vs. tiempo. Tras un breve transitorio, I se estabiliza, lo que valida la aproximación de equilibrio rápido.

10. Proceso de combustión del hidrógeno

Concepto: Las reacciones en cadena, fundamentales en procesos de combustión, involucran pasos de iniciación (que generan radicales), propagación (que regeneran los radicales) y terminación (que consumen los radicales).

Problema: Considera el siguiente mecanismo simplificado en el que se genera el radical $H\cdot$:

Iniciación:	$H2->[k_i]2\,H\cdot$	(a una tasa
Propagación:	$H\cdot+O2->[k_{p1}]HO2\cdot$	
	$HO2\cdot+H2->[k_{p2}]H2O2+H\cdot$	
Terminación:	$2\,H\cdot->[k_t]H2$	

Asumiendo que $[H2]$ es constante, y que el paso de terminación sigue la cinética bimolecular con $k_t[H]^2$, se utiliza la **aproximación en estado estacionario** para los radicales $H\cdot$:

$$\frac{d[H]}{dt}\approx 0 \quad \Longrightarrow \quad k_i[H2]\approx 2\,k_t\,[H]^2.$$

Se pide:

1. Derivar la expresión para la concentración de radicales $[H]$ en estado estacionario.

2. Discutir brevemente cómo esta concentración estable de radicales permite mantener la cadena de propagación en combustión.

3. Implementar un script en MATLAB que simule la evolución temporal de $[H]$ a partir del modelo:

$$\frac{d[H]}{dt}=k_i[H2]-2\,k_t\,[H]^2,$$

usando valores numéricos adecuados, y graficar $[H]$ en función del tiempo, evidenciando que tras un breve transitorio se alcanza un estado estacionario.

Resolución Manual

Considerando la ecuación diferencial para los radicales $H\cdot$:

$$\frac{d[H]}{dt} = k_i[H2] - 2\,k_t\,[H]^2.$$

Bajo la aproximación en estado estacionario, se tiene $\frac{d[H]}{dt} \approx 0$, por lo que:

$$k_i[H2] \approx 2\,k_t\,[H]^2.$$

Despejando $[H]$:

$$[H] \approx \sqrt{\frac{k_i[H2]}{2\,k_t}}.$$

Esta concentración estable de radicales es esencial para la cadena de propagación, ya que garantiza que los pasos de propagación puedan regenerar continuamente el radical $H\cdot$ y mantener una alta velocidad de combustión. Los pasos de terminación, que consumen radicales, se equilibran con la generación rápida de los mismos en la iniciación, permitiendo un régimen estacionario.

Script en MATLAB

El siguiente script simula el modelo simplificado para la concentración del radical $H\cdot$. Se asume que $[H2]$ es constante (por ejemplo, 1 mol/L) y se eligen valores numéricos para k_i y k_t.

```
% Parámetros
k_i = 0.2;             % Constante de
    iniciación (min^-1)
H2 = 1;                % Concentración
    constante de H2 (mol/L)
k_t = 0.5;             % Constante de
    terminación (L/(mol*min))

% Ecuación diferencial: d[H]/dt = k_i*H2
    - 2*k_t*[H]^2
% Condición inicial: [H](0) = 0
y0 = 0;

% Intervalo de tiempo en minutos
tspan = [0 20];

% Resolver la ODE
[t, H] = ode45(@(t,y) k_i*H2 -
    2*k_t*y.^2, tspan, y0);

% Graficar [H] vs. tiempo
figure;
plot(t, H, 'LineWidth', 2);
xlabel('Tiempo (min)');
ylabel('[H] (mol/L)');
title('Evolución de [H] en una reacción
    en cadena (estado estacionario)');
grid on;

% Calcular el valor estacionario esperado
H_ss = sqrt(k_i*H2/(2*k_t));
fprintf('Concentración de H en estado
    estacionario: %.4f mol/L\n', H_ss);
```

Listing 10: Script MATLAB para simular la concentración de radicales en una reacción en cadena

Gráfica

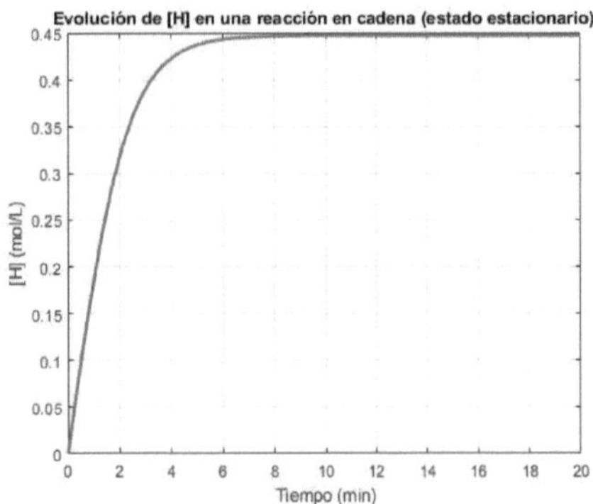

Figura 12: Evolución de la concentración de radical $H\cdot$ vs. tiempo. Se observa que tras un breve transitorio, $[H]$ se estabiliza en el valor aproximado de $\sqrt{\frac{k_i[H2]}{2k_t}}$.

11. El aumento de temperatura incrementa la constante de velocidad

Concepto: Según la teoría de colisiones y la ecuación de Arrhenius, el aumento de temperatura incrementa la constante de velocidad k al aumentar la fracción de moléculas que poseen la energía suficiente para superar la barrera de activación E_a.

Problema:

1. Partiendo de la ecuación de Arrhenius:

$$k = A\,e^{-E_a/(RT)},$$

demuestre cómo el aumento de la temperatura T incrementa k al aumentar la fracción de moléculas con energía $E \geq E_a$.

2. Utilice un script en MATLAB para simular la variación de k en función de T y grafique $\ln k$ versus $1/T$.

Resolución Manual

La ecuación de Arrhenius es:

$$k = A\, e^{-E_a/(RT)},$$

donde:

- A es el factor preexponencial (o frecuencia de colisiones efectivas),
- E_a es la energía de activación,
- R es la constante universal de los gases,
- T es la temperatura en Kelvin.

Tomando el logaritmo natural de ambos lados obtenemos:

$$\ln k = \ln A - \frac{E_a}{R} \cdot \frac{1}{T}.$$

Esta forma linealizada ($\ln k$ vs. $1/T$) muestra que, al aumentar T (disminuir $1/T$), la magnitud del término $-E_a/(RT)$ se reduce, lo que implica un incremento en $\ln k$ y, por ende, en k.

El aumento de la temperatura incrementa la fracción de moléculas con energía mayor o igual a E_a (según la distribución de Maxwell–Boltzmann), lo que se traduce en un mayor número de colisiones efectivas y, por tanto, en un incremento en la constante de velocidad k.

Script en MATLAB

El siguiente script simula la variación de k con la temperatura utilizando la ecuación de Arrhenius y genera una gráfica de $\ln k$ versus $1/T$:

```
% Parámetros de la ecuación de Arrhenius
A = 1e12;            % Factor preexponencial (1/min)
Ea = 80e3;           % Energía de activación en J/mol (80 kJ/mol)
R = 8.314;           % Constante de los gases en J/(mol*K)

% Vector de temperaturas en Kelvin (por ejemplo, de 300 K a 500 K)
T = linspace(300, 500, 100);
invT = 1./T;         % Calcular 1/T

% Calcular la constante de velocidad para cada temperatura
k = A * exp(-Ea./(R*T));

% Graficar ln(k) vs. 1/T
figure;
plot(invT, log(k), 'LineWidth', 2);
xlabel('1/T (1/K)');
ylabel('ln(k) (ln(1/min))');
title('Diagrama de Arrhenius: ln(k) vs. 1/T');
grid on;

% Opcional: Guardar la figura
% saveas(gcf, 'arrhenius.pdf');
```

Listing 11: Script MATLAB para simular la variación de k con la temperatura

Gráfica

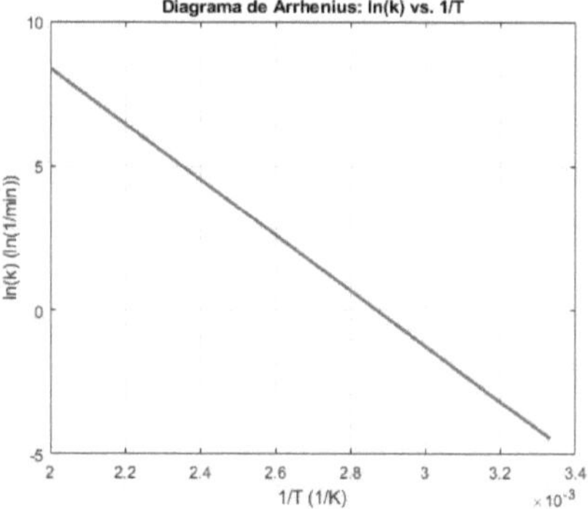

Figura 13: Gráfica de $\ln k$ versus $1/T$ demostrando que, al aumentar la temperatura (disminuir $1/T$), $\ln k$ incrementa.

12. Dependencia de la velocidad con la concentración

Concepto: La dependencia de la velocidad con la concentración define el orden global de la reacción.

Problema: Se ha determinado experimentalmente que para una reacción de la forma

$$A- > Productos,$$

la ley de velocidad es:

$$\text{rate} = k\,[A]^n.$$

Tomando logaritmos se obtiene:

$$\ln(\text{rate}) = \ln k + n\ \ln[A].$$

De esta forma, la pendiente de la gráfica de ln(rate) vs. $\ln[A]$ es igual al orden global n.

Se solicita:

1. Mostrar mediante derivación que $\ln(\text{rate}) = \ln k + n\ \ln[A]$.

2. Simular mediante MATLAB la evolución de la velocidad para una reacción en la que se tiene $n = 2$ (por ejemplo, $\text{rate} = k\,[A]^2$), generando la gráfica de ln(rate) versus $\ln[A]$.

Resolución Manual

Para una reacción de la forma:

$$A- > Productos,$$

la ley de velocidad se escribe:

$$\text{rate} = k\,[A]^n.$$

Tomamos el logaritmo natural de ambos lados:

$$\ln(\text{rate}) = \ln\left(k\,[A]^n\right) = \ln k + \ln\left([A]^n\right).$$

Utilizando la propiedad del logaritmo, $\ln(x^n) = n \ln x$, se obtiene:

$$\ln(\text{rate}) = \ln k + n\ \ln[A].$$

De esta relación lineal, la pendiente es n, que corresponde al orden global de la reacción.

Script en MATLAB

El siguiente script en MATLAB simula datos para una reacción de segundo orden ($n = 2$) y grafica ln(rate) vs. $\ln[A]$.

```
% Parámetros
k = 0.5;                  % Constante de
    velocidad (unidades adecuadas)
% Generamos valores de [A]
A = linspace(0.1, 1, 10);  %
    Concentraciones de A (mol/L)
% Suponemos que la reacción es de segundo
    orden: rate = k*[A]^2
rate = k * A.^2;

% Calculamos los logaritmos
lnA = log(A);
lnRate = log(rate);

% Graficar ln(rate) vs. ln(A)
figure;
plot(lnA, lnRate, 'o-', 'LineWidth', 2);
xlabel('ln([A])');
ylabel('ln(rate)');
title('Determinación del orden global de
    la reacción');
```

```
grid on;

% Ajuste lineal para determinar la pendiente
coeffs = polyfit(lnA, lnRate, 1);
slope = coeffs(1);
fprintf('La pendiente ajustada es: %.2f (orden global = %.2f)\n', slope, slope);

% Opcional: Guardar la figura
% saveas(gcf, 'orden_global.pdf');
```

Listing 12: Script MATLAB para determinar el orden global de la reacción

Gráfica

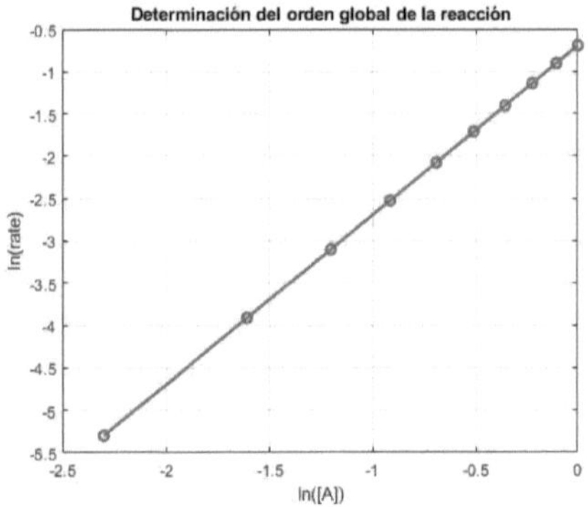

Figura 14: Gráfica de ln(rate) vs. ln($[A]$). La pendiente de la línea es igual al orden global de la reacción.

13. Reacciones heterogéneas

Concepto: En reacciones heterogéneas, la interfaz entre fases (sólido-líquido o sólido-gas) afecta la cinética de la reacción, ya que la adsorción y la disponibilidad de sitios reactivos en la superficie del catalizador son determinantes para la velocidad global.

Problema: Considera una reacción catalítica heterogénea en la que un reactivo A en fase gaseosa se adsorbe en la superficie de un catalizador sólido para reaccionar y formar un producto P. Suponiendo que la adsorción sigue la isoterma de Langmuir, la fracción de cobertura θ de la superficie se puede describir como:

$$\theta = \frac{K_a \, P_A}{1 + K_a \, P_A},$$

donde K_a es la constante de adsorción y P_A la presión parcial de A. La velocidad de reacción en la superficie se puede escribir como:

$$\text{rate} = k_s \, \theta,$$

con k_s la constante de reacción en la superficie.

Se solicita:

1. Explicar brevemente cómo la interfaz sólido-gas afecta la cinética de la reacción.

2. Deduce la ley de velocidad global:

$$\text{rate} = k_s \, \frac{K_a \, P_A}{1 + K_a \, P_A}.$$

3. Utiliza un script en MATLAB para simular la variación de la cobertura superficial θ en función de P_A y graficar la isoterma.

Resolución Manual

En reacciones heterogéneas, la velocidad de la reacción depende de la cantidad de reactivo que se adsorbe en la superficie del catalizador. Si se asume que la adsorción de A en la superficie sigue la isoterma de Langmuir, la fracción de la superficie cubierta por A es:

$$\theta = \frac{K_a\, P_A}{1 + K_a\, P_A},$$

donde K_a es la constante de adsorción y P_A es la presión parcial (o concentración en fase gaseosa) de A.

La velocidad superficial de la reacción se asume proporcional a la fracción de cobertura, es decir:

$$\text{rate} = k_s\, \theta = k_s\, \frac{K_a\, P_A}{1 + K_a\, P_A}.$$

Esta ley de velocidad global muestra que la cinética depende directamente de la interfaz entre el gas y el sólido, ya que la disponibilidad de sitios en la superficie (reflejada en θ) es crucial para la reacción.

Script en MATLAB

El siguiente script en MATLAB simula la isoterma de Langmuir para la cobertura superficial θ en función de la presión parcial P_A:

```
% Parámetros
Ka = 0.5;   % Constante de adsorción (1/atm)
% Generar un vector de presiones parciales de A (en atm)
PA = linspace(0, 5, 100);
% Calcular la fracción de cobertura usando la isoterma de Langmuir
theta = (Ka .* PA) ./ (1 + Ka .* PA);
```

```

% Graficar la fracción de cobertura vs.
    presión parcial
figure;
plot(PA, theta, 'LineWidth', 2);
xlabel('Presión parcial de A (atm)');
ylabel('\theta (fracción de cobertura)');
title('Isoterma de Langmuir: Cobertura
    superficial vs. P_A');
grid on;

% Opcional: Guardar la gráfica como PDF
% saveas(gcf, 'isoterma_langmuir.pdf');
```

Listing 13: Script MATLAB para simular la isoterma de Langmuir

Gráfica

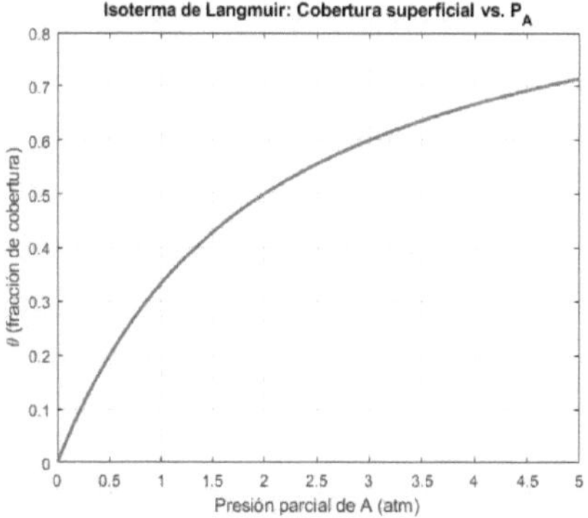

Figura 15: Gráfica de la fracción de cobertura θ versus la presión parcial P_A según la isoterma de Langmuir.

14. Reacciones homogéneas

La cinética de las reacciones homogéneas se estudia tanto en fase gaseosa como en solución. En fase gaseosa las concentraciones pueden expresarse en términos de presión parcial y la frecuencia de colisiones es generalmente mayor, mientras que en solución se utilizan concentraciones molares y la interacción con el disolvente puede modificar la velocidad de reacción.

Problema: Considere una reacción de primer orden:

$$A- > Productos,$$

cuya ley de velocidad se expresa como:

$$-\frac{d[A]}{dt} = k[A],$$

con solución integrada:

$$[A](t) = [A]_0 \, e^{-k\,t}.$$

Se desea simular el comportamiento de la reacción en dos escenarios:

1. **Fase gaseosa:** Se asume una constante de velocidad $k_{\text{gas}} = 0{,}2\,\text{min}^{-1}$.

2. **Solución:** Se asume una constante de velocidad $k_{\text{sol}} = 0{,}05\,\text{min}^{-1}$.

Se solicita:

- Graficar la evolución de la concentración $[A](t)$ para ambos casos (usando $[A]_0 = 1$ mol/L).

- Comparar la influencia del medio sobre la velocidad de reacción.

Resolución Manual

Para una reacción de primer orden, la solución integrada es:

$$[A](t) = [A]_0\, e^{-k\,t}.$$

La diferencia entre la reacción en fase gaseosa y en solución se refleja en el valor de k. En la fase gaseosa, una mayor frecuencia de colisiones (debido a la menor densidad y ausencia de un medio disolvente que disipe la energía) suele dar lugar a un k mayor. En cambio, en solución, la interacción con el disolvente puede disminuir la energía cinética efectiva, dando un k menor.

De esta manera, para $k_{\text{gas}} = 0{,}2\,\text{min}^{-1}$ y $k_{\text{sol}} = 0{,}05\,\text{min}^{-1}$, se tienen las curvas:

$$[A]_{\text{gas}}(t) = [A]_0\, e^{-0{,}2\,t} \quad \text{y} \quad [A]_{\text{sol}}(t) = [A]_0\, e^{-0{,}05\,t}.$$

La comparación de ambas expresiones permite apreciar que la concentración de A disminuye más rápidamente en la fase gaseosa.

Script en MATLAB

El siguiente script en MATLAB simula y grafica la evolución temporal de $[A](t)$ para ambos escenarios:

```
% Parámetros
A0 = 1;                        % Concentración inicial [A]_0 (mol/L)
k_gas = 0.2;                   % Constante de velocidad en fase gaseosa (min^-1)
k_sol = 0.05;                  % Constante de velocidad en solución (min^-1)
t = linspace(0, 30, 200);      % Tiempo en minutos

% Evolución de la concentración para ambos escenarios
```

```
A_gas = A0 * exp(-k_gas * t);
A_sol = A0 * exp(-k_sol * t);

% Graficar las concentraciones vs. tiempo
figure;
plot(t, A_gas, 'r-', 'LineWidth', 2); hold on;
plot(t, A_sol, 'b--', 'LineWidth', 2);
xlabel('Tiempo (min)');
ylabel('[A] (mol/L)');
title('Evolución de [A] en reacciones homogéneas');
legend('Fase gaseosa (k=0.2 min^{-1})', 'Solución (k=0.05 min^{-1})', 'Location', 'northeast');
grid on;

% Opcional: Guardar la gráfica como PDF
% saveas(gcf, 'cinetica_homogenea.pdf');
```

Listing 14: Script MATLAB para simular reacciones homogéneas en fase gaseosa y en solución

Gráfica

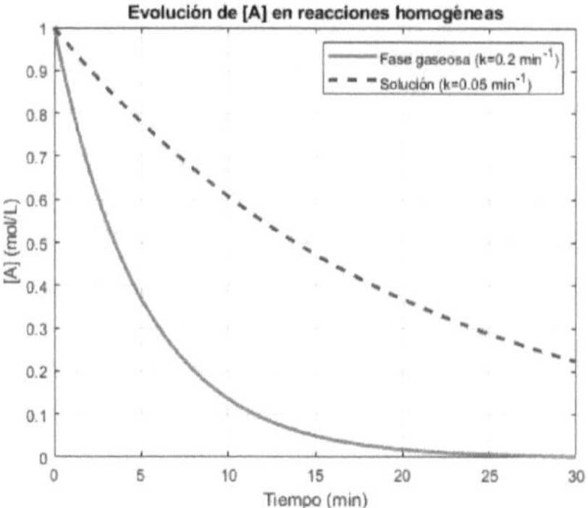

Figura 16: Evolución de la concentración $[A](t)$ en función del tiempo para una reacción de primer orden en fase gaseosa (línea roja) y en solución (línea azul discontinua). Se aprecia que la disminución es más rápida en fase gaseosa.

15. Cinética multicomponente

La cinética multicomponente aborda reacciones en las que interactúan varios reactivos simultáneamente. Por ejemplo, en la reacción:

$$A + B -> C,$$

la ley de velocidad se puede expresar como:

$$\text{rate} = k\,[A]^a\,[B]^b,$$

donde a y b representan los órdenes parciales respecto a A y B y el orden global es $n = a + b$. Tomando logaritmos se tiene:

$$\ln(\text{rate}) = \ln k + a\ \ln[A] + b\ \ln[B].$$

Esta relación lineal permite, a partir de datos experimentales, determinar los exponentes y así deducir el mecanismo subyacente.

Problema:

1. Demuestre que para una reacción elemental en la que $a = 1$ y $b = 1$ (es decir, una reacción bimolecular simple), la ley de velocidad es:

   $$\text{rate} = k\,[A][B],$$

   y que tomando logaritmos se obtiene:

   $$\ln(\text{rate}) = \ln k + \ln[A] + \ln[B].$$

2. Utilice un script en MATLAB para simular el sistema de ecuaciones diferenciales correspondiente a la reacción

   $$A + B -> C,$$

   y grafique la evolución temporal de las concentraciones de A, B y C.

Resolución Manual

Para la reacción:

$$A + B- > C,$$

se asume que la ley de velocidad es:

$$\text{rate} = k\,[A][B].$$

Esta ley se deduce directamente de la colisión entre moléculas de A y B en un proceso elemental bimolecular.

Tomando el logaritmo natural de ambos lados, se obtiene:

$$\ln(\text{rate}) = \ln k + \ln[A] + \ln[B].$$

La linealidad de esta ecuación en función de $\ln[A]$ y $\ln[B]$ permite determinar experimentalmente que los órdenes parciales son 1 y, en consecuencia, que el orden global es 2.

En el análisis experimental, al variar las concentraciones de A y B se puede ajustar la gráfica de $\ln(\text{rate})$ vs. $\ln[A]$ y $\ln[B]$ para obtener la pendiente correspondiente a cada reactivo.

Script en MATLAB

El siguiente script resuelve numéricamente el sistema de ecuaciones diferenciales para la reacción:

$$A + B- > C,$$

suponiendo que la velocidad de la reacción es:

$$\frac{d[A]}{dt} = -k\,[A][B], \quad \frac{d[B]}{dt} = -k\,[A][B], \quad \frac{d[C]}{dt} = k\,[A][B].$$

Se utilizarán las condiciones iniciales: $[A]_0 = 1\,\text{mol/L}$, $[B]_0 = 2\,\text{mol/L}$ y $[C]_0 = 0$. Se asume $k = 0{,}1\,\text{L}/(\text{mol}\cdot\text{min})$.

```
% Parámetros
k = 0.1;          % Constante de velocidad (L/(mol*min))
A0 = 1;           % Concentración inicial de A (mol/L)
B0 = 2;           % Concentración inicial de B (mol/L)
C0 = 0;           % Concentración inicial de C (mol/L)

% Condiciones iniciales
y0 = [A0; B0; C0];

% Intervalo de tiempo en minutos
tspan = [0 50];

% Resolver el sistema de ecuaciones diferenciales
[t, y] = ode45(@(t,y) odefun(t, y, k), tspan, y0);

% Extraer las concentraciones
A = y(:,1);
B = y(:,2);
C = y(:,3);

% Graficar las concentraciones vs. tiempo
figure;
plot(t, A, 'b-', 'LineWidth', 2); hold on;
plot(t, B, 'r--', 'LineWidth', 2);
plot(t, C, 'g-', 'LineWidth', 2);
xlabel('Tiempo (min)');
ylabel('Concentración (mol/L)');
title('Evolución de las concentraciones en la reacción A + B -> C');
legend('A', 'B', 'C', 'Location', 'northeast');
grid on;
```

```
% Función ODE
function dydt = odefun(t, y, k)
    A = y(1);
    B = y(2);
    C = y(3);
    dAdt = -k*A*B;
    dBdt = -k*A*B;
    dCdt = k*A*B;
    dydt = [dAdt; dBdt; dCdt];
end
```

Listing 15: Script MATLAB para simular una reacción multicomponente

Gráfica

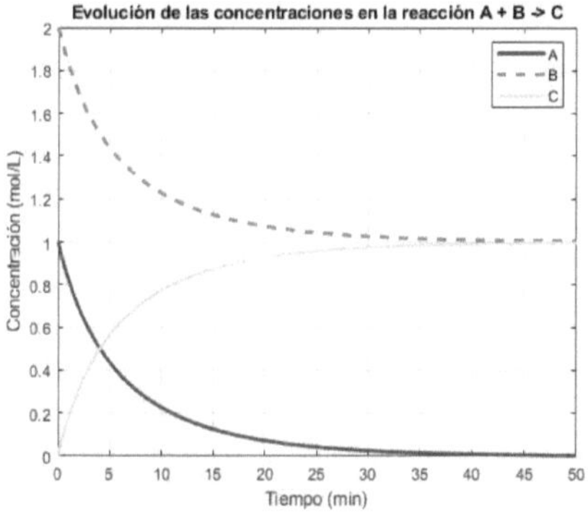

Figura 17: Evolución de las concentraciones de A, B y C en función del tiempo para la reacción $A + B -> C$.

16. Reacciones complejas

Las reacciones complejas no ocurren en un solo paso, sino que se pueden descomponer en varios pasos elementales, cada uno con su propia constante de velocidad. Por ejemplo, la descomposición del ozono se modela mediante el siguiente mecanismo:

Paso 1: $O3 <=> [k_1][k_{-1}]O2 + O$ (rápido, reversible)

Paso 2: $O + O3- > [k_2]2O2$ (lento, determinante d

La reacción global es:

$$2O3- > 3O2.$$

Utilizando la aproximación de equilibrio rápido para el Paso 1, se tiene:

$$K = \frac{k_1}{k_{-1}} = \frac{[O2][O]}{[O3]} \implies [O] = \frac{K\,[O3]}{[O2]}.$$

La velocidad del Paso 2 es:

$$\text{rate} = k_2\,[O][O3] = k_2\,\frac{K\,[O3]^2}{[O2]}.$$

Esta ley de velocidad global ilustra que la reacción compleja se modela a partir de la suma de pasos elementales con diferentes constantes de velocidad.

Resolución Manual

Para el mecanismo:

$$\begin{aligned} O3 \quad &<=> [k_1][k_{-1}] \quad O2 + O, \\ O + O3 \quad &- > [k_2] \quad 2O2, \end{aligned}$$

se asume que el Paso 1 alcanza rápidamente el equilibrio, de modo que:

$$K = \frac{[O2][O]}{[O3]} \quad \Longrightarrow \quad [O] = \frac{K\,[O3]}{[O2]}.$$

La velocidad de formación de $O2$ en el Paso 2 es:

$$\text{rate} = k_2\,[O][O3] = k_2\,\frac{K\,[O3]^2}{[O2]}.$$

Esta expresión muestra cómo la velocidad global depende de los parámetros de ambos pasos elementales, es decir, de k_1, k_{-1} (a través de K) y k_2.

Script en MATLAB

El siguiente script en MATLAB simula la evolución de las concentraciones en el mecanismo propuesto. Para simplificar, se puede simular un sistema en el que se modela el paso lento y se utiliza la relación de equilibrio para el intermediario O. (Nota: en una simulación completa se resolvería un sistema de ODEs, pero aquí se presenta una versión simplificada para ilustrar la deducción de la ley de velocidad global).

```
% Parámetros (valores ejemplares)
k1 = 1.0;            % Constante de velocidad para O3 -> O2 + O (1/s)
k_minus1 = 10.0;     % Constante de velocidad para O2 + O -> O3 (L/(mol*s) o 1/s, según unidades)
k2 = 0.5;            % Constante de velocidad para O + O3 -> 2 O2 (L/(mol*s))
K = k1 / k_minus1; % Constante de equilibrio del Paso 1
```

```

% Supongamos condiciones iniciales (en unidades arbitrarias)
O3_0 = 1;   % Concentración inicial de O3
O2_0 = 0.2; % Concentración inicial de O2 (puede haber algún O2 presente)
% Usamos la aproximación de equilibrio rápido para determinar [O]:
% [O] = K * [O3] / [O2]

% Para simular, definimos un vector de tiempo
t = linspace(0, 50, 200);  % tiempo en segundos

% Suponiendo que durante la reacción [O3] varía de manera exponencial:
O3 = O3_0 * exp(-0.05 * t); % (ejemplo de decaimiento)
% Para simplificar, asumimos que [O2] aumenta linealmente (ejemplo ilustrativo)
O2 = O2_0 + (O3_0 - O3);    % Conservación de masa simplificada

% Calcular la concentración del intermediario O usando la aproximación de equilibrio rápido
O_intermedio = K .* O3 ./ O2;

% Calcular la velocidad del Paso 2
rate = k2 .* O_intermedio .* O3;

% Graficar la evolución de [O3], [O2] y del intermediario [O]
figure;
plot(t, O3, 'b-', 'LineWidth', 2); hold on;
```

```
plot(t, O2, 'r--', 'LineWidth', 2);
plot(t, O_intermedio, 'g-.', 'LineWidth',
    2);
xlabel('Tiempo (s)');
ylabel('Concentración (u.a.)');
title('Simulación del mecanismo de
    descomposición del ozono');
legend('O3', 'O2', 'O (intermediario)',
    'Location', 'best');
grid on;

% Graficar la velocidad (opcional)
figure;
plot(t, rate, 'm-', 'LineWidth', 2);
xlabel('Tiempo (s)');
ylabel('Velocidad (u.a.)');
title('Velocidad del Paso 2: O + O3 -> 2
    O2');
grid on;
```

Listing 16: Script MATLAB para simular la evolución de concentraciones en el mecanismo del ozono

Gráfica

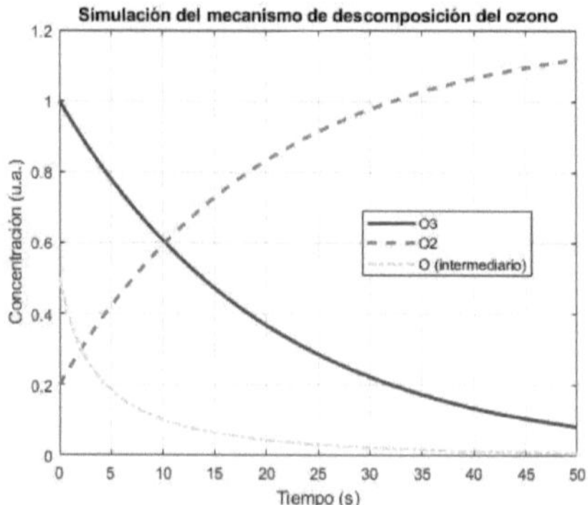

Figura 18: Evolución de las concentraciones de $O3$, $O2$ y del intermediario O en el mecanismo de descomposición del ozono.

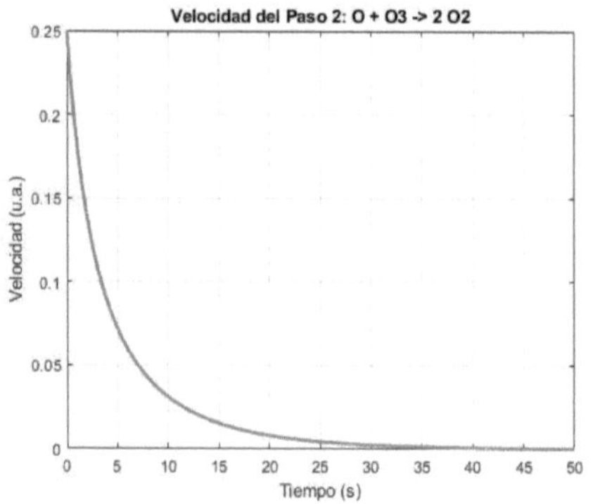

Figura 19: Velocidad vs Tiempo.

17. Catalizadores homogéneos

Los catalizadores homogéneos se encuentran en la misma fase que los reactivos (por ejemplo, en solución). Al participar en el mecanismo de reacción, ofrecen una vía alternativa con menor energía de activación y, por tanto, incrementan la constante de velocidad k sin consumirse. Esto significa que el catalizador modifica la cinética de la reacción y, a diferencia de los catalizadores heterogéneos, no es necesario separarlo del sistema al finalizar la reacción.

Problema:

1. Partiendo de la ecuación de Arrhenius:

   $$k = A\, e^{-E_a/(RT)},$$

   explique cómo la presencia de un catalizador homogéneo reduce la energía de activación E_a (pasando a E'_a con $E'_a < E_a$) y, por ende, incrementa la constante de velocidad.

2. Utilice un script en MATLAB para simular la variación de k en función de la temperatura para ambos casos (sin y con catalizador) y grafique $\ln k$ versus $1/T$ para visualizar el efecto catalítico.

Resolución Manual

La ecuación de Arrhenius para la constante de velocidad es:

$$k = A\, e^{-E_a/(RT)}.$$

En presencia de un catalizador homogéneo, la vía de reacción alternativa tiene una energía de activación menor E'_a, de modo que:

$$k' = A\, e^{-E'_a/(RT)}.$$

Dado que $E'_a < E_a$, se tiene:

$$e^{-E'_a/(RT)} > e^{-E_a/(RT)} \quad \Rightarrow \quad k' > k.$$

Esto explica que, al aumentar la fracción de moléculas que poseen energía mayor o igual a E'_a, la constante de velocidad aumenta. Además, el catalizador, al estar en la misma fase, no se separa del sistema y se regenera, modificando la cinética sin consumirse.

Script en MATLAB

El siguiente script en MATLAB simula la variación de k con la temperatura en dos escenarios: sin catalizador (usando $E_a = 80\,\text{kJ/mol}$) y con catalizador (usando $E'_a = 40\,\text{kJ/mol}$). Se grafica $\ln k$ versus $1/T$.

```
% Parámetros
A = 1e12;              % Factor preexponencial (1/min)
Ea = 80e3;             % Energía de activación sin catalizador en J/mol (80 kJ/mol)
Ea_cat = 40e3;         % Energía de activación con catalizador en J/mol (40 kJ/mol)
R = 8.314;             % Constante de los gases en J/(mol*K)

% Vector de temperaturas (por ejemplo, de 300 K a 500 K)
T = linspace(300, 500, 100);
invT = 1 ./ T;         % 1/T

% Cálculo de la constante de velocidad sin y con catalizador
k_noCat = A * exp(-Ea./(R * T));
k_cat   = A * exp(-Ea_cat./(R * T));

% Graficar ln(k) vs. 1/T
```

```
figure;
plot(invT, log(k_noCat), 'b-',
    'LineWidth', 2); hold on;
plot(invT, log(k_cat), 'r--',
    'LineWidth', 2);
xlabel('1/T (1/K)');
ylabel('ln(k) (ln(1/min))');
title('Diagrama de Arrhenius: Efecto del
    Catalizador Homogéneo');
legend('Sin catalizador', 'Con
    catalizador', 'Location', 'best');
grid on;

% Opcional: Guardar la gráfica
% saveas(gcf,
    'arrhenius_catalizador_homogeneo.pdf');
```

Listing 17: Script MATLAB para simular el efecto catalítico

Gráfica

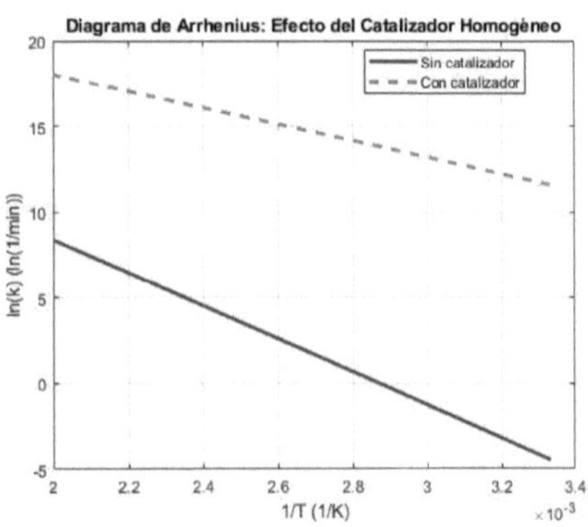

Figura 20: Gráfica de $\ln k$ vs. $1/T$ para un proceso sin catalizador (línea azul) y con catalizador homogéneo (línea roja discontinua), demostrando el aumento de k debido a la reducción de E_a.

18. Catalizadores heterogéneos

En reacciones heterogéneas, el catalizador se encuentra en una fase distinta a la de los reactivos (por ejemplo, un sólido en contacto con un gas o un líquido). La reacción ocurre en la superficie del catalizador y la velocidad global puede estar limitada por la difusión de los reactivos desde el medio circundante hasta dicha superficie. Un modelo simplificado para la constante efectiva de reacción es:

$$k_{\text{eff}} = \frac{k_s\,k_d}{k_s + k_d},$$

donde:

- k_s es la constante de velocidad de la reacción superficial, y
- k_d es el coeficiente de transferencia de masa (difusión) hacia la superficie.

Cuando $k_d \ll k_s$ la reacción es limitada por difusión, y cuando $k_d \gg k_s$ la reacción está controlada por la cinética superficial.

Resolución Manual

La tasa global de reacción en un sistema heterogéneo puede verse afectada tanto por la reacción en la superficie como por el transporte de los reactivos hasta ella. Un modelo simplificado asume que la velocidad global es:

$$\text{rate} = k_{\text{eff}}\,[A],$$

con

$$k_{\text{eff}} = \frac{k_s\,k_d}{k_s + k_d}.$$

Esta expresión muestra dos regímenes:

- Si $k_d \ll k_s$, entonces $k_{\text{eff}} \approx k_d$ (la difusión es el paso limitante).
- Si $k_d \gg k_s$, entonces $k_{\text{eff}} \approx k_s$ (la reacción en la superficie es el paso limitante).

Así, la cinética global se ve afectada por la eficiencia del transporte de reactivos hasta la superficie catalítica.

Script en MATLAB

El siguiente script simula la variación de k_{eff} en función de k_d para un valor fijo de k_s. Se considera un rango de k_d y se grafica la relación:

```
% Parámetros
k_s = 1.0;  % Constante de reacción superficial (1/min)
% Varía el coeficiente de difusión k_d en un rango
k_d = linspace(0.01, 10, 100);  % Valores de k_d (1/min)

% Calcular la constante efectiva k_eff
k_eff = (k_s .* k_d) ./ (k_s + k_d);

% Graficar k_eff vs. k_d
figure;
plot(k_d, k_eff, 'LineWidth', 2);
xlabel('Coeficiente de difusión k_d (1/min)');
ylabel('Constante efectiva k_{eff} (1/min)');
title('Dependencia de k_{eff} con k_d en un catalizador heterogéneo');
grid on;

% Añadir línea horizontal que indica el valor de k_s
```

```
hold on;
plot(k_d, k_s*ones(size(k_d)), 'r--',
    'LineWidth', 1.5);
legend('k_{eff}', 'k_s', 'Location',
    'best');

% Opcional: Guardar la gráfica
% saveas(gcf, 'k_eff_vs_kd.pdf');
```

Listing 18: Script MATLAB para simular k_{eff} vs. k_d

Gráfica

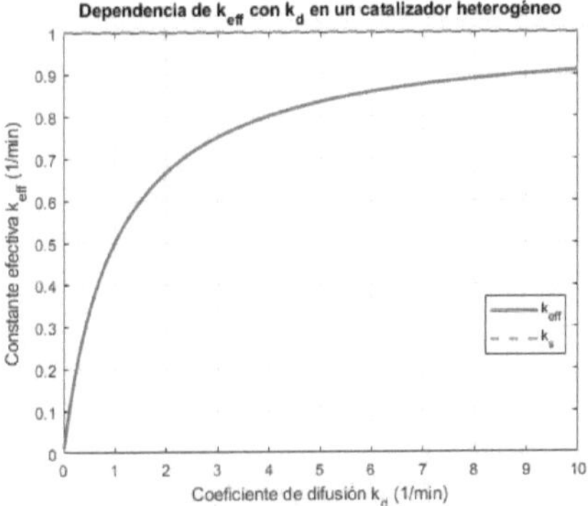

Figura 21: Gráfica de la constante efectiva $k_{\text{eff}} = \frac{k_s\, k_d}{k_s + k_d}$ en función de k_d. Cuando k_d es pequeño, la velocidad está limitada por difusión; cuando k_d es grande, k_{eff} se aproxima a k_s.

19. Diseño de experimentos cinéticos

El diseño de experimentos cinéticos permite determinar parámetros fundamentales de una reacción, tales como:

- La constante de velocidad k,
- El orden de la reacción (determinable mediante la dependencia de la velocidad con la concentración),
- La energía de activación E_a (obtenible a partir de la gráfica de Arrhenius).

Por ejemplo, para una reacción de primer orden:

$$A- > Productos,$$

la ley de velocidad es:

$$-\frac{d[A]}{dt} = k[A],$$

y su solución integrada es:

$$[A](t) = [A]_0 \, e^{-k\,t}.$$

Asimismo, la ecuación de Arrhenius:

$$k = A \, e^{-E_a/(RT)}$$

se puede linearizar tomando logaritmos:

$$\ln k = \ln A - \frac{E_a}{R} \cdot \frac{1}{T}.$$

Mediante experimentos en los que se varía la concentración y la temperatura, se pueden obtener k, el orden de reacción y E_a a partir de los ajustes lineales.

Resolución Manual

Determinación del orden: Si se conoce la ley de velocidad:

$$\text{rate} = k\,[A]^n,$$

tomando logaritmos se tiene:

$$\ln(\text{rate}) = \ln k + n\,\ln[A].$$

La pendiente de la gráfica de $\ln(\text{rate})$ versus $\ln[A]$ proporciona el valor de n, el orden global de la reacción.

Determinación de E_a: La ecuación de Arrhenius es:

$$k = A\,e^{-E_a/(RT)}.$$

Tomando logaritmos:

$$\ln k = \ln A - \frac{E_a}{R}\cdot\frac{1}{T}.$$

La gráfica de $\ln k$ versus $1/T$ es lineal y la pendiente de esta gráfica es $-E_a/R$, lo que permite determinar E_a.

Script en MATLAB

El siguiente script en MATLAB simula una serie de experimentos para una reacción de primer orden y realiza el ajuste lineal en la gráfica de Arrhenius para determinar E_a. Se asumen valores ficticios para k a diferentes temperaturas.

```
% Parámetros
A_factor = 1e12;            % Factor preexponencial (1/min)
Ea = 80e3;                  % Energía de activación en J/mol (80 kJ/mol)
R = 8.314;                  % Constante de los gases en J/(mol*K)
```

```
% Vector de temperaturas (por ejemplo, de 300 K a 500 K)
T = linspace(300, 500, 100);
invT = 1./T;                % 1/T

% Cálculo de la constante de velocidad k para cada temperatura
k = A_factor * exp(-Ea./(R*T));

% Graficar ln(k) vs. 1/T
figure;
plot(invT, log(k), 'LineWidth', 2);
xlabel('1/T (1/K)');
ylabel('ln(k) (ln(1/min))');
title('Gráfica de Arrhenius: Determinación de E_a');
grid on;

% Ajuste lineal para determinar la pendiente y calcular E_a
coeffs = polyfit(invT, log(k), 1);
slope = coeffs(1);
Ea_calculado = -slope * R;
fprintf('Energía de activación calculada: %.2f kJ/mol\n', Ea_calculado/1000);

% Opcional: Guardar la gráfica
% saveas(gcf, 'arrhenius_experimento.pdf');
```

Listing 19: Script MATLAB para determinar E_a mediante la gráfica de Arrhenius

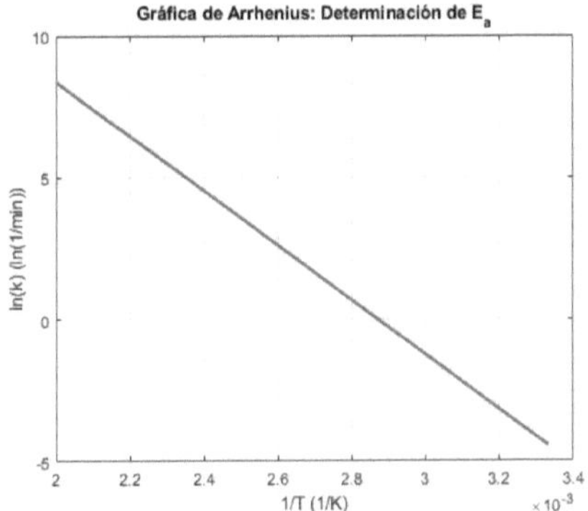

Figura 22: Gráfica de $\ln k$ vs. $1/T$. La pendiente es $-E_a/R$, lo que permite determinar la energía de activación.

Gráfica

20. Reacción homogénea A ->Productos

Para una reacción homogénea de la forma

$$A \quad > Productos,$$

la ley de velocidad en una reacción de primer orden se expresa como:

$$-\frac{d[A]}{dt} = k[A].$$

Su solución integrada es:

$$[A](t) = [A]_0 \, e^{-kt}.$$

Tomando el logaritmo natural de ambos lados se obtiene:

$$\ln[A](t) = \ln[A]_0 - kt.$$

Por lo tanto, la gráfica de $\ln[A]$ versus el tiempo t es lineal, con pendiente $-k$. Este método gráfico facilita la determinación del orden de la reacción, ya que una linealidad en $\ln[A]$ vs. t indica un comportamiento de primer orden.

Resolución Manual

Partiendo de la ley diferencial:

$$-\frac{d[A]}{dt} = k[A],$$

se separan las variables:

$$\frac{d[A]}{[A]} = -k\,dt.$$

Integrando desde $t = 0$ hasta t y de $[A]_0$ hasta $[A](t)$:

$$\int_{[A]_0}^{[A](t)} \frac{d[A]}{[A]} = -k \int_0^t dt,$$

se obtiene:

$$\ln\left(\frac{[A](t)}{[A]_0}\right) = -kt,$$

lo que se reordena como:

$$\ln[A](t) = \ln[A]_0 - kt.$$

La linealidad de esta relación confirma que la reacción es de primer orden.

Script en MATLAB

El siguiente script en MATLAB simula la evolución temporal de $[A](t)$ para una reacción de primer orden y grafica $\ln[A]$ versus t.

```
% Parámetros
A0 = 1;              % Concentración inicial de A (mol/L)
k = 0.2;             % Constante de velocidad (1/min)
t = linspace(0, 30, 200);  % Tiempo en minutos

% Solución de la reacción de primer orden
A = A0 * exp(-k*t);

% Calcular ln[A]
lnA = log(A);

% Graficar ln[A] vs. tiempo
figure;
plot(t, lnA, 'LineWidth', 2);
xlabel('Tiempo (min)');
ylabel('ln([A])');
title('Gráfica de ln([A]) vs. tiempo para una reacción de primer orden');
grid on;

% Ajuste lineal para verificar la pendiente
coeffs = polyfit(t, lnA, 1);
fprintf('Pendiente del ajuste lineal: %.2f (debe ser -k)\n', coeffs(1));

% Opcional: Guardar la gráfica
% saveas(gcf, 'lnA_vs_t.pdf');
```

Listing 20: vs. tiempo]Script MATLAB para determinar el orden de reacción mediante la gráfica de ln[A] vs. tiempo

Gráfica

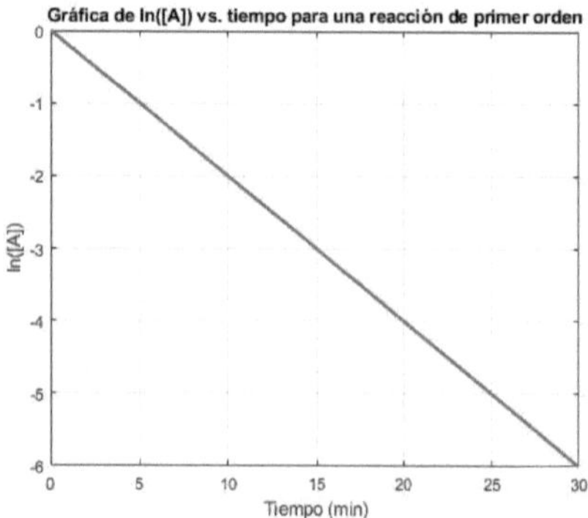

Figura 23: Gráfica de $\ln[A]$ vs. tiempo. La línea recta obtenida confirma que la reacción es de primer orden, con pendiente igual a $-k$.

21. Rutas competitivas

Considere una reacción en la que el reactivo A se transforma en dos productos, P y Q, mediante dos rutas competitivas:

$$A- > [k_1]P \quad \text{y} \quad A- > [k_2]Q.$$

La selectividad hacia P se define como

$$S_P = \frac{k_1}{k_1 + k_2}.$$

Utilizando la ecuación de Arrhenius para cada ruta:

$$k_i = A_i\, e^{-E_{a,i}/(RT)} \quad \text{para } i = 1, 2,$$

se observa que un catalizador puede reducir de forma diferencial las energías de activación $E_{a,1}$ y $E_{a,2}$, modificando así no solo la velocidad global de la reacción sino también la selectividad.

Problema:

1. Demuestre que, tomando logaritmos, la dependencia de k_i con la temperatura es:

   $$\ln k_i = \ln A_i - \frac{E_{a,i}}{R} \cdot \frac{1}{T}.$$

2. Explique brevemente cómo una reducción diferencial en $E_{a,1}$ y $E_{a,2}$ (por efecto catalítico) modifica la selectividad S_P.

3. Utilice un script en MATLAB para calcular y graficar S_P en función de la temperatura, tanto sin catalizador como con catalizador, asumiendo los siguientes parámetros:

- Sin catalizador: $E_{a,1} = 80\,\text{kJ/mol}$, $E_{a,2} = 90\,\text{kJ/mol}$.
- Con catalizador: $E'_{a,1} = 40\,\text{kJ/mol}$, $E'_{a,2} = 90\,\text{kJ/mol}$ (es decir, el catalizador favorece la ruta a P).

Resolución Manual

Para cada ruta i (donde $i = 1$ para P y $i = 2$ para Q), se tiene:

$$k_i = A_i\, e^{-E_{a,i}/(RT)}.$$

Tomando logaritmos:

$$\ln k_i = \ln A_i - \frac{E_{a,i}}{R} \cdot \frac{1}{T}.$$

Si el catalizador reduce $E_{a,1}$ de 80 kJ/mol a 40 kJ/mol sin afectar $E_{a,2}$, la constante k_1 aumenta significativamente, lo que incrementa la selectividad hacia P (puesto que $S_P = \frac{k_1}{k_1+k_2}$). Así, el catalizador no solo aumenta la velocidad de reacción, sino que favorece la formación de P sobre Q.

Script en MATLAB

El siguiente script en MATLAB simula la dependencia de k_1 y k_2 con la temperatura y grafica la selectividad S_P versus T en ambos escenarios (sin y con catalizador).

```
% Parámetros
R = 8.314; % Constante de los gases en J/(mol*K)
A1 = 1e12; % Factor preexponencial para la ruta a P (1/min)
A2 = 1e12; % Factor preexponencial para la ruta a Q (1/min)

```

```
% Energías de activación sin catalizador (en J/mol)
Ea1_noCat = 80e3;   % 80 kJ/mol
Ea2_noCat = 90e3;   % 90 kJ/mol

% Energías de activación con catalizador (en J/mol)
Ea1_cat = 40e3;     % 40 kJ/mol (catalizador favorece P)
Ea2_cat = 90e3;     % 90 kJ/mol (sin efecto catalítico para Q)

% Vector de temperaturas (en Kelvin)
T = linspace(300, 500, 100);

% Calcular las constantes de velocidad sin catalizador
k1_noCat = A1 * exp(-Ea1_noCat./(R*T));
k2_noCat = A2 * exp(-Ea2_noCat./(R*T));

% Calcular las constantes de velocidad con catalizador
k1_cat = A1 * exp(-Ea1_cat./(R*T));
k2_cat = A2 * exp(-Ea2_cat./(R*T));

% Calcular la selectividad hacia P:
% S_P = k1 / (k1 + k2)
S_P_noCat = k1_noCat ./ (k1_noCat + k2_noCat);
S_P_cat = k1_cat ./ (k1_cat + k2_cat);

% Graficar selectividad vs. temperatura
figure;
plot(T, S_P_noCat, 'b-', 'LineWidth', 2); hold on;
plot(T, S_P_cat, 'r--', 'LineWidth', 2);
xlabel('Temperatura (K)');
ylabel('Selectividad hacia P, S_P');
```

```
title('Selectividad en la formación de P con y sin catalizador');
legend('Sin catalizador', 'Con catalizador', 'Location', 'best');
grid on;

% Opcional: Guardar la gráfica
% saveas(gcf, 'selectividad_vs_T.pdf');
```

Listing 21: Script MATLAB para simular la selectividad con y sin catalizador

Gráfica

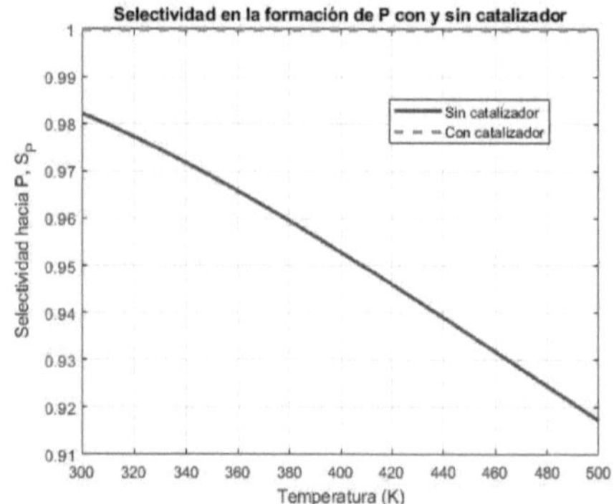

Figura 24: Gráfica de la selectividad S_P hacia P en función de la temperatura, mostrando el efecto de un catalizador que reduce la energía de activación para la vía a P.

Referencias

[1] Smith, J. M. (1981). *Ingeniería de la cinética química*. México: McGraw-Hill.

[2] Izquierdo Torres, J. F., Cunill García, F., Iborra Urios, M., Fité Piquer, C., & Tejero Salvador, J. (2006). *Cinética de las reacciones químicas*. Madrid: Síntesis.

[3] Serratos, I., Segura Bailón, B. A., Franco Pérez, L., Castellanos Ábrego, N. P., Galicia García, D. A., Godínez Fernández, R., Gómez Torres, S., & Viniegra Ramírez, M. (2019). *Introducción a la cinética química y catálisis*. Ciudad de México: Universidad Autónoma Metropolitana.

[4] Monge Amaya, O. (2023). *Cinética química: Teoría y problemas*. Hermosillo: Universidad de Sonora.

[5] Fogler, H. S. (2006). *Elements of chemical reaction engineering* (4.ª ed.). Upper Saddle River, NJ: Prentice Hall.

[6] Levenspiel, O. (1999). *Chemical reaction engineering* (3.ª ed.). New York: Wiley.

[7] Houston, P. L. (2001). *Chemical kinetics and reaction dynamics*. New York: Dover Publications.

[8] Pilling, M. J., & Seakins, P. W. (1995). *Reaction kinetics: Principles and applications*. Oxford: Oxford University Press.

[9] Davis, M. E., & Davis, R. J. (2003). *Fundamentals of chemical reaction engineering*. New York: McGraw-Hill.

[10] Froment, G. F., & Bischoff, K. B. (1990). *Chemical reactor analysis and design* (2.ª ed.). New York: Wiley.

[11] Hill, C. G., & Root, T. W. (2014). *Introduction to chemical engineering kinetics and reactor design* (2.ª ed.). Hoboken, NJ: Wiley.

[12] Fogler, H. S. (2011). *Essentials of chemical reaction engineering*. Upper Saddle River, NJ: Prentice Hall.

[13] Masel, R. I. (2001). *Chemical kinetics and catalysis*. New York: Wiley-Interscience.

[14] Boudart, M. (1968). *Kinetics of chemical processes*. Englewood Cliffs, NJ: Prentice Hall.

[15] Connors, K. A. (1990). *Chemical kinetics: The study of reaction rates in solution*. New York: VCH Publishers.